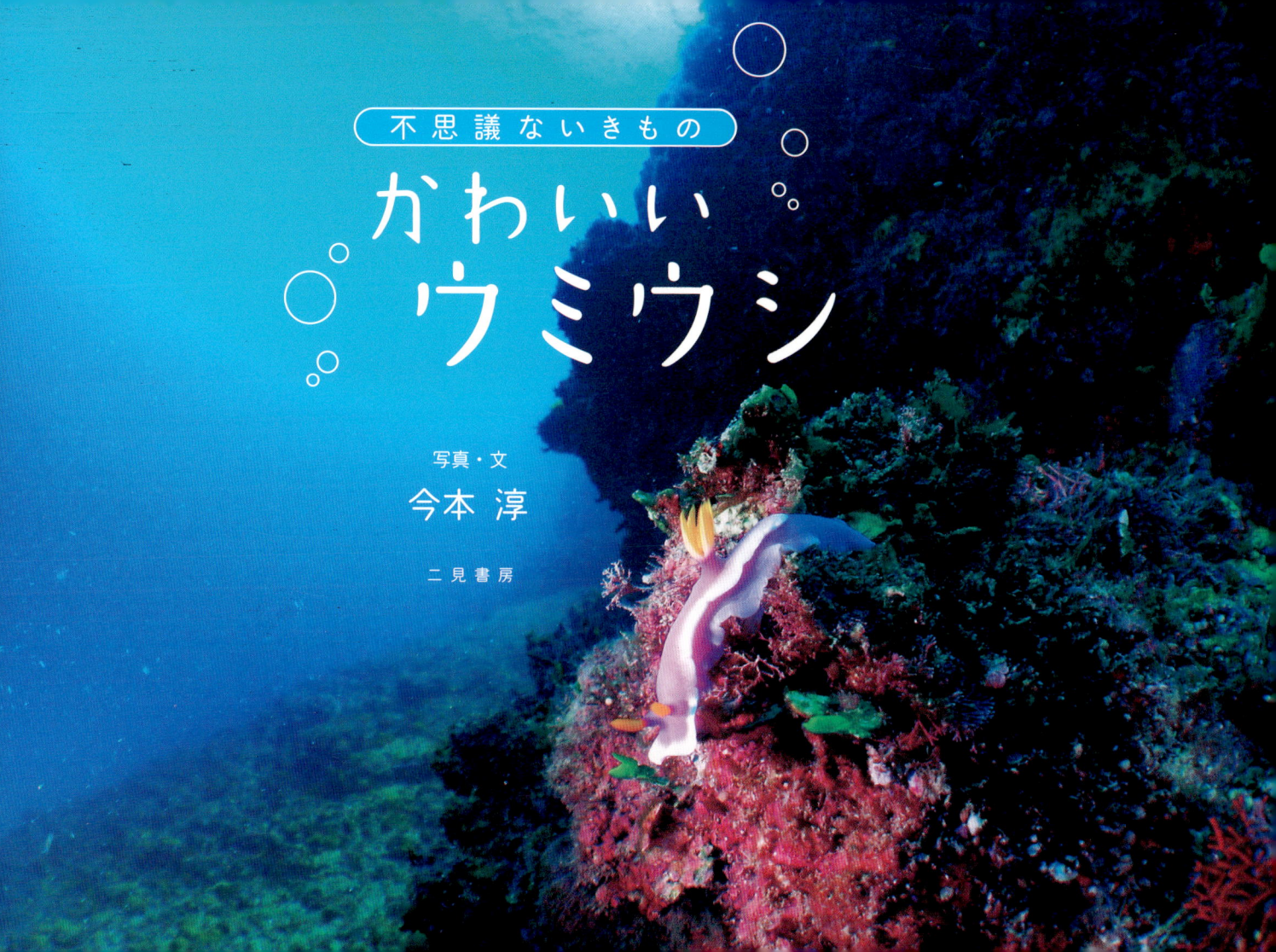

はじめに

　前作『ウミウシ　不思議ないきもの』から3年を経て、続編のウミウシ写真集を出版することになりました。その多くを新たに撮影したウミウシたちで構成し、また、前作ではページ数の関係で掲載を見送らざるを得なかったウミウシたちも、続編での機会を得て晴れ舞台の上に登場させることができました。その結果、私の写真集としては初めてお目にかける新規のウミウシだけで構成することができました。

　撮影機材のコンセプト（小さなウミウシから大きなウミウシまで1台のデジカメで撮影する）は以前と同じですが、システムに組み込むデジタルカメラを同じメーカーの、より画素数の高い機種に変更しました。その効果として、多種多様なウミウシのディテールはより詳細に、南の島の美しい背景との調和はよりなめらかに表現できるようになりました。

　今作品では新たな写真表現にも取り組んでみました。「少し離れたところからそ〜っとウミウシを眺めているような」、「なんとなく、ほんわかした気持ちになれるような」、そんな雰囲気も一緒に写し込めるよう意識して撮影したカットも掲載しています。また、つぶやき的な一言コメントも各写真に添えさせていただきました。

　ウミウシを探し求めて奄美大島に移住し7年目を迎え、最初は手探り状態だった南国育ちのウミウシたちとの接し方もよくわかるようになってきました。そして、撮影技術と撮影機材、双方のレベルが上がったことを実感できる今この時に、最高のウミウシ写真集をお届けすることができたのではないかと自負しております。

　どうぞ、この本を手にして、ほんのひと時、南の島の海の宝石たちに心をよせていただければと思います。

contents

- タヌキイロウミウシ —— 08
- イロウミウシ科の1種 —— 09
- カンランウミウシ —— 10
- スミゾメキヌハダウミウシ —— 11
- アラリウミウシ —— 12
- キイロウミウシ —— 13
- ユリヤガイ —— 14
- ハナミドリガイ —— 15
- テンテンウミウシ —— 16
- キイロウミコチョウ —— 17
- イチゴジャムウミウシ —— 18
- ミノウミウシ亜目の仲間1 —— 19
- グロッソドーリス・トムスミスイ —— 22
- オキナワキヌハダウミウシ —— 23
- コイボウミウシ —— 24
- オケニア・リノルマ —— 25
- クロスジアメフラシ —— 26
- ツマグロモウミウシ —— 28
- リュウグウウミウシ —— 29
- ムカデミノウミウシ —— 30
- トウリンミノウミウシ —— 31
- ミドリガイ —— 32
- チドリミドリガイ —— 34
- イチゴミルクウミウシ —— 35
- テンセンウロコウミウシ —— 36
- ユビワミノウミウシ —— 37
- ムラクモウミウシ —— 38
- オンナソンウミウシ —— 40
- ミナミヒョウモンウミウシ —— 41
- マツゲメリベウミウシ —— 42
- ベルジア・チャカ —— 43
- マツカサウミウシ —— 44
- ミノウミウシ —— 46
- フィリディア・ゴスライナーイ —— 47
- クロスジリュウグウウミウシ —— 50
- ブチウミウシ —— 51
- マイチョコウミウシ —— 52
- ノウメア・ワリアンス —— 53
- ワモンキセワタ —— 54
- モンコウミウシ —— 55
- エレガントヒオドシウミウシ —— 56
- シラツユミノウミウシ —— 58
- ミノウミウシ亜目の仲間2 —— 59
- ネコジタウミウシ属の1種 —— 60
- パイナップルウミウシ —— 61
- コンペイトウウミウシ —— 62
- ヨゾラミドリガイ —— 64
- クロモドーリス・ウィブラータ —— 65
- アルディサ・ピコカイ —— 66
- シロウサギウミウシ —— 67
- ホソスジイロウミウシ —— 68
- ケルベリラ・アンヌラータ —— 70
- セトイロウミウシ —— 71
- エリシア・トメントサ —— 72

- ゴシキミノウミウシ —— 73
- オトメミドリガイ —— 74
- ネアカミノウミウシ —— 75
- ムロトミノウミウシ —— 76
- リュウモンイロウミウシ —— 77
- コシボシウミウシ —— 80
- キヌハダウミウシ属の1種 —— 81
- ソウゲンウミウシ —— 82
- ツノクロミドリガイ —— 83
- クロモドーリス・プレキオーサ —— 84
- ムカデメリベ —— 86
- マツカサウミウシ属の1種 —— 87
- アオミノウミウシ科の1種 —— 88
- サキシマミノウミウシ —— 89
- エンビキセワタ —— 90
- ラベンダーウミウシ —— 91

はじめに —— 02

本書の見方 —— 06

海の宝石 原寸大 大集合その1 —— 20

海の宝石 原寸大 大集合その2 —— 48

海の宝石 原寸大 大集合その3 —— 78

おわりに —— 92

索引 —— 94

column

ウミウシのひみつ1 —— 27
貝殻を脱いだ巻き貝の仲間

ウミウシのひみつ2 —— 33
ウミウシに出会うには

ウミウシのひみつ3 —— 39
ウミウシは飼育に適さない

ウミウシのひみつ4 —— 45
ウミウシは雌雄同体

ウミウシのひみつ5 —— 57
貝殻を脱ぎ捨てウミウシの姿に

ウミウシのひみつ6 —— 63
ウミウシの護身術

ウミウシのひみつ7 —— 69
ソーラーパワー ウミウシ

ウミウシのひみつ8 —— 85
心がなごむウミウシの和名

本書の見方

- 名前
- 学術名
- 大きさ／撮影場所
- 解説コメント

クヌギイロウミウシ
Glossodoris rufomarginata
8mm／千葉
タヌキみたいに色が濃いということなのでしょうか。初見のウミウシ写真集に掲載したキャラメルウミウシとは別物になります。

実際の大きさを表示したシルエット
（ただし、P13、P62、P86のみ縮小して表示。縮小率は各頁を参照のこと）

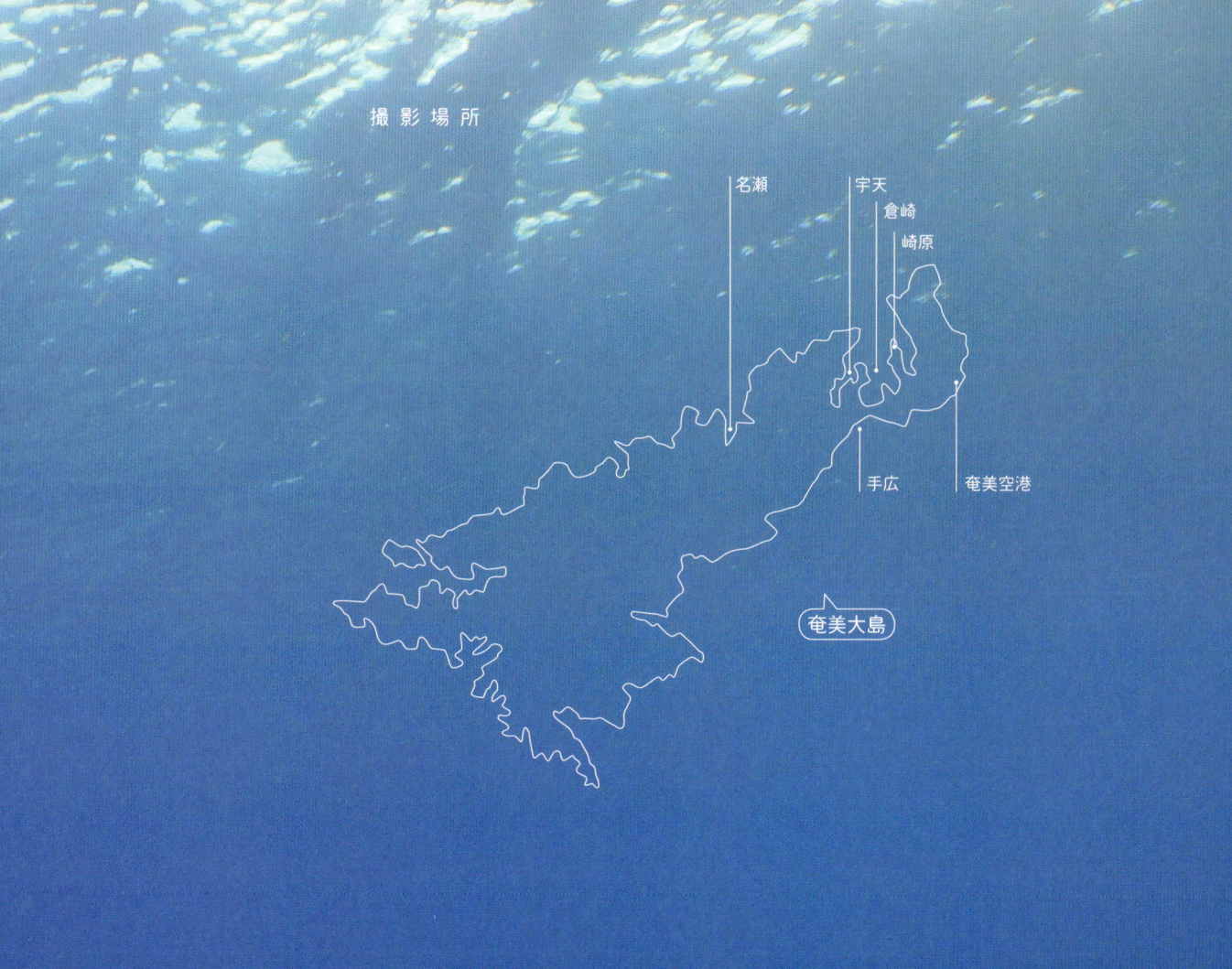

タヌキイロウミウシ
Glossodoris hikuerensis

8mm／手広
タヌキみたいな色合いということなのでしょうね。前作のウミウシ写真集に掲載したキャラメルウミウシも近い種類になります。

イロウミウシ科の1種
CHROMODORIDIDAE sp.

8mm／宇天
イロウミウシの仲間は比較的分類が進んでいる方だと思うのですが、それでも、まだまだ不明種が沢山います。このイロウミウシ科の1種もその仲間です。

カンランウミウシ
Polybranchia orientalis

23mm／手広

どっちが頭なのかよくわかりませんが、よく観察すると右側に触角と触手が確認できます。でも、この姿と色合いですから、海の中で見つけてもウミウシだとは気づかないかもしれませんね。

スミゾメキヌハダウミウシ
Gymnodoris nigricolor

9mm／宇天
普段はハゼの仲間のヒレに食いつくように寄生しているのですが、たまに振り落とされてしまうようで、砂地を這っているときもあります。きっと次に寄生するハゼを探しているのでしょう。

アラリウミウシ
Noumea norba

12mm／宇天

西伊豆の安良里からこの名前がつきました。ですが、奄美大島でも、たま〜に出会えるのですよね。

キイロウミウシ
Glossodoris atromarginata

70mm／倉崎

本来は名前のように黄色いウミウシなのですが、奄美で見かけるのは茶色っぽいものがほとんどです。餌の種類や地域による差があるのかもしれませんね。

ユリヤガイ
Julia exquisita

10mm ／宇天

巻き貝から進化したと考えられているウミウシとしてはとても珍しく、二枚貝のような貝殻を持っています。しかしこの貝殻も巻き貝の変形版なのです。

ハナミドリガイ
Thuridilla splendens

12mm／手広
砂の中に頭を押し込んで小さな海藻を食べているところです。奄美ではとても数が多く、ウミウシが少ない時期でも会うことができる、お助け的な存在です。

テンテンウミウシ
Halgerda brunneomaculata

6mm／手広

南国系のウミウシですが奄美ではまだ一度しか出会ったことがありません。名前の由来は背中の黒い点々模様からですね。

キイロウミコチョウ
Siphopteron flavum

4mm／手広

とても小さなウミコチョウの仲間です。その大きさは米粒ほどですが、水中を泳ぐこともできるのです。

イチゴジャムウミウシ
Aldisa sp.

35mm／崎原

まるで瓶からこぼれたイチゴジャムのようですね。とても目立つ色ですが、これはこれで赤い海綿への擬態なので、よほどのウミウシ好きでないと気づかないかもしれません。

ミノウミウシ亜目の仲間1
AEOLIDINA sp. 1

11mm／宇天
ある程度のウミウシ図鑑が整備された今でもミノウミウシの仲間は未記載種が多いです。種も属も分からないウミウシは目（もく）または亜目（あもく）までの分類で表記します。

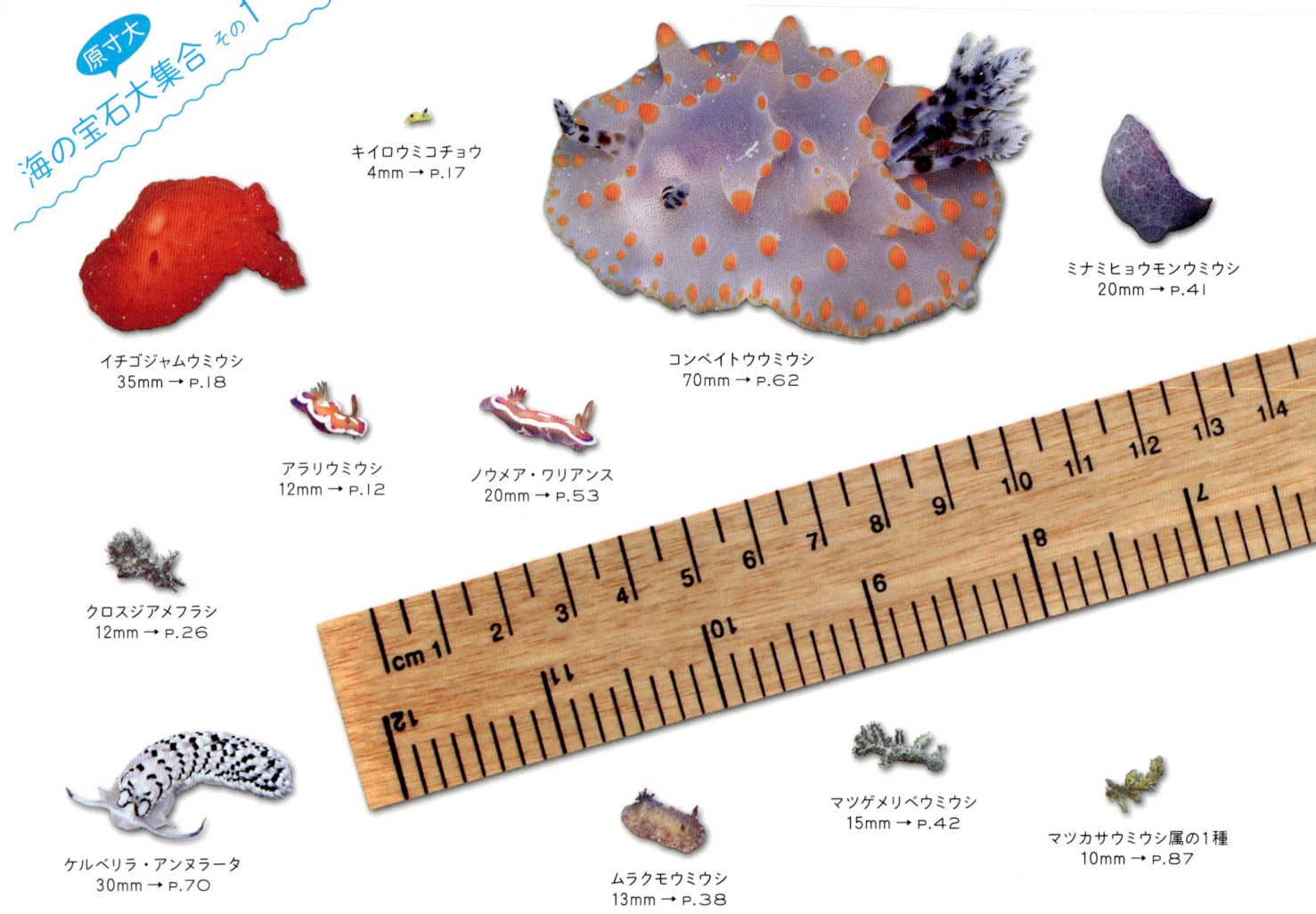

リュウグウウミウシ
12mm → P.29

テンテンウミウシ
6mm → P.16

エレガントヒオドシウミウシ
6mm → P.56

ゴシキミノウミウシ
20mm → P.73

ムロトミノウミウシ
12mm → P.76

ムカデミノウミウシ
50mm → P.30

ムカデメリベ
100mm → P.86

マツカサウミウシ
5mm → P.44

ユビワミノウミウシ
5mm → P.37

ユリヤガイ
10mm → P.14

スミゾメキヌハダウミウシ
9mm → P.11

グロッソドーリス・トムスミスイ
Glossodoris tomsmithi

16㎜／手広沖
普段はビーチダイビングしかしないのですが、たまたまボートで出かけたときに出会ったウミウシです。たまには沖にもいってみるものですね。

オキナワキヌハダウミウシ
Gymnodoris okinawae

8mm／手広
ウミウシ食いのオキナワキヌハダウミウシ（左側の小さい方）がチゴミドリガイを食べているところです。でもオキナワキヌハダウミウシはキヌハダモドキに食べられちゃうのです。

コイボウミウシ
Phyllidiella pustulosa

18mm／手広

イボウミウシの仲間の中で最もメジャー（一般的）なのが、このコイボウミウシです。ですからウミウシファンでなくとも、この名前はおぼえておいて損はないですよ。

オケニア・リノルマ
Okenia rhinorma

7mm／手広
初めて出会ったときにはまだ不明種でしたが、2007年に海外で新種記載されました。和名はやや混乱しているようなので、学名のカナ読みで掲載しました。

クロスジアメフラシ
Stylocheilus striatus

12mm／手広
肉眼では岩に生える藻のようにしか見えないかもしれませんが、デジカメでクローズアップ撮影すると複雑な姿と鮮やかなブルーの斑点模様が浮かび上がってきます。

ウミウシのひみつ ①

貝殻を脱いだ巻き貝の仲間

　ウミウシは、色鮮やかさや複雑な模様、姿かたち、種類の豊富さなどから、「海の宝石」と呼ばれる海辺の生きものです。

　例えば、大胆な模様のイロウミウシの仲間は、つるりとした体に、牛の角を思わせる二本の触角とお尻の方に花びらのようなエラ（二次鰓）を持っています。ミノウミウシの仲間は背中にミノをまとったように、細長い突起が多数あります。

　その姿からナマコの仲間とおもわれがちですが、実は貝の仲間で巻き貝から進化したと考えられています。その多くは貝殻を持っていません。あっても体の中に埋もれているか、名残のような小さな貝殻を持っている程度。貝殻を捨てたことで自由にデザインできる体を得て、多種多様に発展してきた生きものなのです。

　図鑑や写真集では大きく見えますが、ほとんどは数ミリ〜数センチ程度。しかし、ほんの５ミリ程度のものでも、息をのむような美しさと形の複雑さは健在です。

　撮影を始めたころ、肉眼ではゴミにしか見えない小さな生物をとりあえず撮ってみたら、とても複雑な形状で美しい模様を持つウミウシだったということがありました。その時の驚きと感動は今でも忘れません。以来、海の宝石を探し、撮影する楽しみが深まりました。そして海に潜る際、ウミウシの大きさを測る物差しが必需品になったのです。

ツマグロモウミウシ
Placida cremoniana

4mm／土盛

ミノウミウシの仲間のような姿ですが、肉食のそれに対して、こちらは海藻を食べるまったく別のグループの「〜モウミウシ」の仲間になります。

リュウグウウミウシ
Roboastra gracilis

12mm／宇天
普段は海底を這っているウミウシも、時々何かを思うようにこんなポーズをとることがあります。そんなときは絶好のシャッターチャンスでもあるのです。

ムカデミノウミウシ
Pteraeolidia ianthina

50mm／手広

このウミウシは名前で損をしてますね。実際は鮮やかな青色がとても美しく、それゆえに英語名ではブルードラゴンとよばれています。左下には小さなチゴミドリガイもいますね。

トウリンミノウミウシ
Godiva sp.

18mm／手広

奄美で見られるミノウミウシの仲間としては大型の部類で、なかなか迫力のある姿と模様をしてます。図鑑によると、貧食で他のウミウシを食べることもあるそうです。

ミドリガイ
Smaragdinella calyculata

8mm／宇天

ミドリガイというと「〜ミドリガイ」と名前がつくゴクラクミドリガイの仲間を連想しますが、このミドリガイは貝殻を持つブドウガイなどに近い種類になります。ちょっと紛らわしい名前ですね。

ウミウシのひみつ 2

ウミウシに出会うには

　ウミウシは海に潜らないと見ることができないと思われるかもしれませんが、身近な海岸でも出会うことができます。スキューバダイビングが一般的なレジャーとなる前は、磯の潮だまりが主な観察場所でした。海の環境により見られる種類が違ってきますので、より多くの種類を観察するためには磯とダイビングの両方で探す必要がありますが、まずは身近な磯から始めてみましょう。

　磯でよく見かけるのは「アオウミウシ」です。本州の各地に広く分布し、魚で言うところのフナのような存在です（でも、残念ながら奄美・沖縄にはいない種類です）。私も幼いころ遊びに行った神奈川の磯で見た記憶があります。当時は、名前も知りませんでしたが、鮮やかな青地に黄色い模様のそのウミウシのことは今でもよく覚えています。

　ウミウシは海藻や海綿、イソギンチャク、コケムシなどが付着した岩肌や石の裏側などで見つかります。それらが餌になるからです。

　色鮮やかなウミウシたちですが、海藻や海綿に擬態して身を隠すのも得意です。ウミウシを探しにいく時は、事前に図鑑などで習性や特徴を確認しておきましょう。そうすれば、海綿のすぐ隣で何事もなかったようにすましているウミウシがいても、だんだんと見つけられるようになってきます。

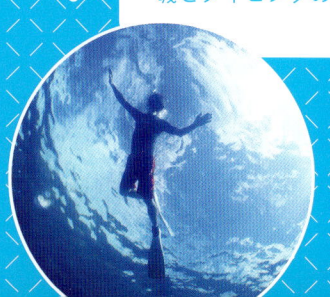

チドリミドリガイ
Plakobranchus ocellatus

12mm／手広

数パターンの色や模様の異なる個体が多数観察されており、研究者による再分類が進められています。餌として食べた共生藻に光合成を行わせることが話題となり、新聞に掲載されたこともあります。

イチゴミルクウミウシ
Pectenodoris aurora

16mm／宇天
即物的な名前ですが、こういうのって私はけっこう好きです。まだ和名のないウミウシがたくさんいますので、どんどん命名してほしいですね。

テンセンウロコウミウシ
Cyerce sp.

11mm／手広

とても複雑な形状で撮影が難しいウミウシです。今回は背景を抜くことで、その姿を写真に収めることができました。右側が頭部で眼と触角が確認できます。

ユビワミノウミウシ
Cuthona purpureoanulata

5mm／手広
奄美では今のところこの1個体のみの出会いです。関東では夏場によく見かけましたが、奄美・沖縄をはじめ、南の島では数が少ないようです。

ムラクモウミウシ
Discodoris sp.

13mm／宇天

水中では地味な模様に見えますが、デジカメで撮ってその場でプレビューしてみると美しい模様が浮かび上がっていることに驚かされます。この意外性もウミウシの魅力の一つです。

ウミウシのひみつ ③

ウミウシは飼育に適さない

　色鮮やかなウミウシたちを見ていると「飼ってみたい！」という気持ちになることでしょう。水槽で見るウミウシは宝箱に入った宝石のようです。しかし、ウミウシは生きものですので食事もすれば糞尿もします。水質の管理は一般的な海水魚の水槽と同じですが、餌の確保が難しいのです。

　ウミウシは主に草食（海藻食）と肉食に分けられます。例えば、ゴクラクミドリガイの仲間は海の浅瀬などに生えている海藻を食べます。イロウミウシの仲間は石の表面などに付いている海綿の仲間を食べる肉食性です。一見ただのスポンジのように見える海綿も生物ですし、海藻も専門のアクアリストがいるくらいなので、餌としての確保も大変でしょう。

　ウミウシを飼うということは餌も一緒に飼育するということで、金魚の餌やりみたいにはいかないのです。

　ウミウシの一生は長いものでも1年以内、普通は数週間から数カ月ですから、水族館でも特別展示などでしか見られないでしょう。もしあなたが海の近くに住んでいてどうしてもウミウシを飼ってみたいと思うなら、ほんの短い間だけにしておいて、元気なうちに海に帰してあげましょう。そうすれば、また来年も同じ場所でウミウシに出会えるはずです。

オンナソンウミウシ
Halgerda onna

10mm／手広

沖縄本島の恩納村で見つかった個体をもとに研究が行われ、この名前がつきました。奄美でも見られますが数は少ないですね。

ミナミヒョウモンウミウシ
Jorunna pantherina

20mm／倉崎
紫色の海綿そっくりに擬態しています。フラッシュで撮影した写真では見分けがつきますが、水中では色が減衰するので、どちらも同じ色に見えて区別ができません。ちなみに左下がウミウシです。

マツゲメリベウミウシ
Melibe engeli

15mm／崎原

半透明なその姿のため、見つけるのも撮影するのも困難なウミウシです。掲載した個体は比較的模様がハッキリしていたので、写真を撮ることができました。

ベルジア・チャカ
Berghia chaka

8mm／倉崎

美しい背景とのハーモニーがお気に入りのカットです。南の島でウミウシの写真を撮っていることに喜びを感じる瞬間ですね。

マツカサウミウシ
Doto cf. *japonica*

5mm／手広
刺胞動物のクロガヤについているところを撮りました。人間がカヤの仲間を誤って触ってしまうと、強い痛みの後に猛烈なかゆみを発症するので撮影はけっこう大変でした。

ウミウシは雄雌同体

　ウミウシはオスとメスの区別がありません。
　1匹のウミウシがオス・メス両方の生殖器官を持っているのです。
　広大な海で小さなウミウシがパートナーを探すのはとても大変なことです。やっと同じ種類同士が出会っても、オス同士、メス同士だったら子孫を残すことはできません。オス・メス同体ならば、相手の性別を確認することもなく交接して、双方が卵を産むことができるのです。しかし、子育てをしないウミウシたちにとって、産卵は短い一生の後半に行われる一大イベントでもあり、卵を産むということは、そのウミウシの寿命が終わりに近づいていると考えられます。
　ウミウシの産卵時期は一概に決まっておらず、成熟したウミウシ同士が出会えば自然に交接し産卵するのでしょう。南の島の暖かい海ではウミウシの成長も、卵が孵化するのも早いようで、一年中何かしらのウミウシの卵を見ることができます。
　情熱的な赤い体色で水中を舞うように泳ぐその姿から「スパニッシュダンサー」の英語名を持つ「ミカドウミウシ」の卵塊は、真っ赤な薔薇のような美しい色と形をしており、ウミウシそのものとはまた違った魅力で私たちを楽しませてくれます。

ウミウシのひみつ ４

ミノウミウシ
Anteaeolidiella indica

13mm／宇天

ミノウミウシの仲間は「〜ミノウミウシ」と頭に何かしら付くのが普通ですが、このミノウミウシには何も付きません。昔から関東の磯などで観察されているので、スタンダードなミノウミウシの仲間ということなのかもしれませんね。

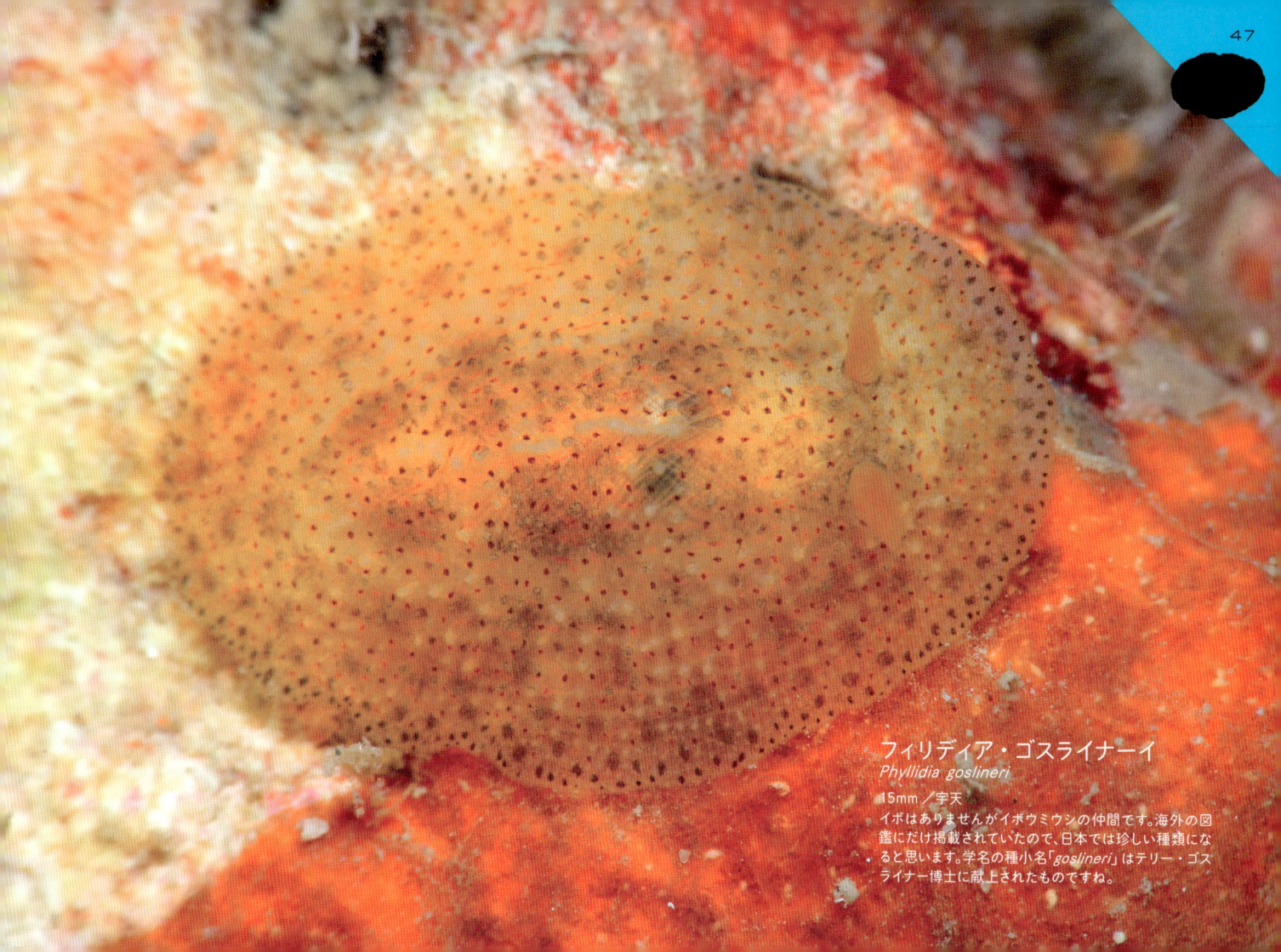

フィリディア・ゴスライナーイ
Phyllidia goslineri

15mm／宇天

イボはありませんがイボウミウシの仲間です。海外の図鑑にだけ掲載されていたので、日本では珍しい種類になると思います。学名の種小名「*goslineri*」はテリー・ゴスライナー博士に献上されたものですね。

原寸大
海の宝石大集合 その2

チドリミドリガイ
12mm → P.34

オトメミドリガイ
8mm → P.74

オンナソンウミウシ
10mm → P.40

エンビキセワタ
11mm → P.90

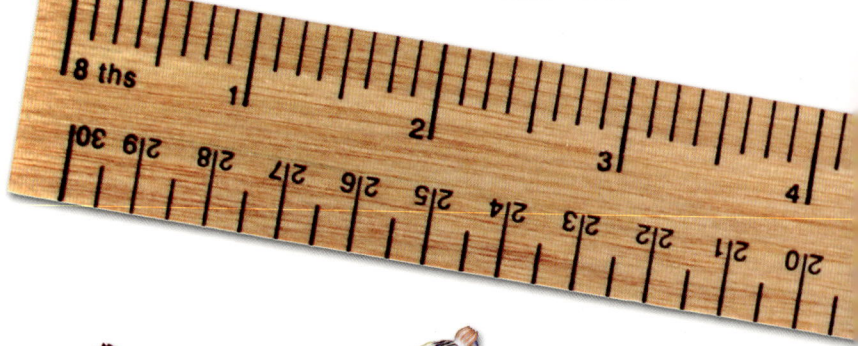

ハナミドリガイ
12mm → P.15

トウリンミノウミウシ
18mm → P.31

ブチウミウシ
25mm → P.51

リュウモンイロウミウシ
18mm → P.77

クロスジリュウグウウミウシ
45mm → P.50

ヨゾラミドリガイ
10mm → P.64

パイナップルウミウシ
30mm → P.61

クロモドーリス・プレキオーサ
10mm → P.84

アオミノウミウシ科の1種
10mm → P.88

ベルジア・チャカ
8mm → P.43

フィリディア・ゴスライナーイ
15mm → P.47

コシボシウミウシ
15mm → P.80

アルディサ・ピコカイ
11mm → P.66

ミノウミウシ亜目の仲間1
11mm → P.19

ワモンキセワタ
25mm → P.54

コイボウミウシ
18mm → P.24

グロッソドーリス・トムスミスイ
16mm → P.22

イロウミウシ科の1種
8mm → P.09

セトイロウミウシ
10mm → P.71

モンコウミウシ
13mm → P.55

クロスジリュウグウウミウシ
Nembrotha lineolata

30mm／手広

堂々と体を伸ばして頭を振るその姿は、まるで竜のようです。ときおり見せるこのポーズの時は絶好のシャッターチャンスですね。

ブチウミウシ
Jorunna funebris

25mm／手広

実物に出会うまでは「まんじゅうにカビが生えたウミウシみたい」と思ってましたが、いやはやなんとも、実際はヌイグルミのように可愛いウミウシでした。

マイチョコウミウシ
Discodoris sp.

8mm／宇天

マイチョコとは「手作りチョコレートみたいな」という意味なんですって。出来立てのホワイトチョコレートにチョコチップをトッピングって感じですかね。

52

ノウメア・ワリアンス
Noumea varians

20mm／手広

アラリウミウシにソックリですが、分類上は別の種類になります。見分けるコツは、白い模様が二次鰓の周りを一周していればアラリとなります。

ワモンキセワタ
Philinopsis pilsbryi

25mm／宇天
単純なモノクロ模様がウミウシとしては逆に面白いですね。ツルリとしたボディスタイルも砂に潜るこの種の特徴です。

モンコウミウシ
Chromodoris aspersa

13mm／手広

模様自体がぼやけているので撮影するときのピント合わせが大変です。過去にゴマフリイロウミウシという名前で図鑑に掲載されたこともありますが、一番最初に命名されたモンコウミウシが正式和名になります。

エレガントヒオドシウミウシ
Halgerda elegans

6mm／手広

シロスジヒオドシウミウシに似てますが、背中の線模様が黄色であることで見分けがつきます。和名は「こっちの方がエレガント」って意味ではなく、学名の種小名「*elegans*」からですね。

ウミウシのひみつ ⑤

貝殻を脱ぎ捨て
ウミウシの姿に

　ウミウシは「ヴェリジャー幼生」という１ミリにも満たないとても小さなプランクトンの姿で卵から生まれます。

　それは、成体のウミウシとは全く異なる姿をしています。

　ウミウシの遠い祖先であると考えられている巻き貝もヴェリジャー幼生で生まれるのですが、その姿はウミウシのそれと見分けがつかないほど似ています。そして、双方とも小さな貝殻を持っています。

　ヴェリジャー幼生は短い期間、潮の流れに乗って海中を浮遊し、生活に適した環境を見つけると浮遊をやめてウミウシの姿へと変化します（これを「変態」と言います）。貝殻を持たないウミウシは、その時に大胆な行動をします。なんと、着地するとすぐに貝殻を脱ぎ捨ててしまうのです。そして、巻き貝とは全く違った姿に成長していくのです。

　ある水族館で海藻を採取して水槽にいれておいたところ、いつのまにか藻食性のコノハミドリガイというウミウシが大発生していたという話を聞きました。おそらく、ヴェリジャー幼生から変態したばかりの、まだ人目に付きにくい小さな個体が、海藻にたくさん付着していたのでしょう。

　海藻展示が目的だった水族館として迷惑な話でしょうが、私としてはちょっとうらやましい話でした。

シラツユミノウミウシ
Herviella albida

10mm／宇天

このウミウシを撮影するときは真横からのカットが特徴をよく表現できます。石の裏側にいるからなのか、いつも平たくなってじっとしているからです。

ミノウミウシ亜目の仲間2
AEOLIDINA sp. 2

4mm／手広

実物はとてもとても小さくて、肉眼ではもはやウミウシかどうかも判別困難でした。図鑑やWebで調べても種類がわからなかったので、ミノウミウシ亜目の仲間（不明種）として掲載しました。

ネコジタウミウシ属の1種
Goniodoris sp.

8mm／宇天

忘れたころにポロッと出会えるウミウシです。そして、それがまた嬉しかったりもします。でも、小さい種類なので見逃しているだけかもしれませんがね。

パイナップルウミウシ
Halgerda willeyi

30mm／手広

模様や色彩の変異幅が大きいため、四種類のウミウシ（コヤマウミウシ、ミヤマウミウシ、メイズウミウシ、パイナップルウミウシ）に分かれていた時期もありましたが、現在は「パイナップル」に統一されています。

コンペイトウウミウシ
Halgerda carlsoni

70mm／宇天

見た目の印象そのままの名前ですね。でもウミウシとしては大きい種類なので、お菓子の金米糖よりは見つけやすいですよ。

原寸の50%

ウミウシのひみつ 6

ウミウシの護身術

　貝殻を捨てて丸裸になったウミウシたちが外敵から身を守る方法は様々です。

　例えば、イロウミウシの仲間は、餌の海綿から得た物質を体内で化学合成し毒素として蓄え、自分の体をまずくして外敵に食べられにくくします。

　ミノウミウシの仲間は、イソギンチャクやヒドロ虫などの毒針を持つ刺胞動物を食べ、毒針を自分の武器として再利用してしまいます。

　その行動は「盗刺胞」と呼ばれ、盗んだ毒針は、イソギンチャクの触手のようなミノの先端に装着されます。そして、外敵に襲われそうになった時にミノを逆立てて毒針を発射し威嚇します。

　私も、撮影している時に外敵と思われたようで、背中のミノを突き立てられたことがなんどもあります。それらは人間に害があるほどの強い毒ではないのですが、魚などに襲われたときの威嚇効果は十分にあるようです。

　このようにして護身術を身に付けたウミウシたちですが、身近なところにも外敵はいます。

　実は、ウミウシを食べるウミウシも数多く存在するのです。ウミウシ同士の戦いになると。弱い方がひたすら逃げるというのが有効な防御手段のようで、ごく一部には魚のように器用に泳いで逃げるウミウシもいます。

ヨゾラミドリガイ
Thuridilla vatae

10mm／倉崎

名前のように夜空のような模様が特徴のゴクラクミドリガイの仲間です。奄美には星空のような模様のホシゾラウミウシというウミウシもいます。

クロモドーリス・ウィブラータ
Chromodoris vibrata

16mm／手広
この写真を撮影したときだけの一度きりの出会いでした。学名はありますが和名がまだないので日本では珍しい種類なのかもしれませんね。一期一会を地で行くウミウシです。

アルディサ・ピコカイ
Aldisa pikokai

11mm／宇天

二匹で寄り添ってますね。海綿を食べるウミウシなのですが、この体色からして下の方に写っているオレンジ色の海綿を食べるのだと思います。

シロウサギウミウシ
Noumea simplex

8mm／手広
とっても小さいうえに体のほとんどが白いから撮影時の
露出設定が難しいです。なかなか上手に撮れないウミウ
シの代表格といったところです。

ホソスジイロウミウシ
Chromodoris lineolata

20mm／崎原
あまり見かけない種類だと思っていたら、ナイトダイビングの時にたくさん見つけました。確かに夜行性のウミウシも多いのですが、夜は私が焼酎呑んでまったりしちゃうのですよね。

ウミウシのひみつ ⑦

ソーラーパワーウミウシ

　多種多様なウミウシの中には、植物のように太陽光からエネルギーを得ているものもいます。

　海藻食のゴクラクミドリガイの仲間には、餌として食べた葉緑類から葉緑体だけを消化せずに自分の体内に蓄え、光合成を行なわせてエネルギーを得られるものがいるのです。

　体内に取り込んだ葉緑体の色素によってそのウミウシの色も変化します。

　中には海藻そっくりになるものもいて、鏡も無い海の中で、どうしたらそんなにそっくりになれるのか不思議でしかたがありません。鮮やかな緑色の海藻に、同じ色と模様をしたウミウシが隠れているのを見つけると、見事に「衣・食・住」を確保しているなあと感心します。

　肉食のミノウミウシの仲間の中には、コケムシやヒドロ虫を食べる際に、その中に共生している藻類を消化せずに取り込み、自分のものにしてしまうものもいます。さっきまでコケムシの中で光合成を行ないながら協同生活をしていた共生藻が、今度はウミウシの中で働くことになるのです（ちょっと怖い話ですね）。

　でも、これらの"ソーラーパワー"ウミウシたちが、日の良く当たる浅く明るい海底で日光浴をしているのを見かけると、なにかほのぼのとした気持ちになります。

ケルベリラ・アンヌラータ
Cerberilla annulata

30mm／手広

ミノウミウシの仲間としては珍しく、砂に潜ることができる種類のため目撃例が少ないようです。まだ和名がつけられておらず、学名のカタカナ読みで掲載してます。

セトイロウミウシ
Chromodoris decora

10mm／手広
色鮮やかな模様なのですが、なぜかいつもピント合せに苦労します。このウミウシの特徴でもある背中のY字模様にあわせるのが撮りやすいかもしれませんね。

エリシア・トメントサ
Elysia cf. *tomentosa*

20mm／手広
海藻に擬態するのが得意で、環境によって色や体の質感が違ってくるようです。奄美に沢山いる種類なのですが、見た目のバリエーションが豊富すぎて少し混乱しています。

ゴシキミノウミウシ
Cuthona diversicolor

20mm／倉崎

よ〜く観察すると背中のミノの模様が五色に分かれているのがわかります。奄美では浅瀬の波にゆれているカヤ類の上でよく見られるので撮影は大変です。

オトメミドリガイ
Elysia obtusa
8mm／名瀬
本州では多い種類なのですが、奄美ではほとんど見かけません。この写真は奄美の普段潜ってない場所で撮影しました。今後はウミウシ探しの範囲をもっと広げた方が良いのかもしれませんね。

ネアカミノウミウシ
Cratena sp. cf. *affinis*

10mm／手広

和名はついていますが、学術上の分類がやや曖昧な種類です。奄美にたくさんいるウミウシですので、今後の研究に期待したいですね。

ムロトミノウミウシ
Phyllodesmium macphersonae

12mm／手広

ちょっと不気味な姿に思えるかもしれませんね。でも、私としては、このフォトジェニックな色彩が最高の被写体なのです。

リュウモンイロウミウシ
Hypselodoris maritima

18mm／宇天

本州では一般的なウミウシなのですが、南国奄美でもた
ま〜に出会うことができます。ウミウシの分布というの
は、まだまだ未知の部分が多いですね。

原寸大
海の宝石大集合 その3

ソウゲンウミウシ
6mm → P.82

タヌキイロウミウシ
8mm → P.08

エリシア・トメントサ
20mm → P.72

ツノクロミドリガイ
7mm → P.83

カンランウミウシ
23mm → P.10

シラユキミノウミウシ
10mm → P.58

オケニア・リノルマ
7mm → P.25

キイロウミウシ
70mm → P.13

ミノウミウシ
13mm → P.46

ネコジタウミウシ属の1種
8mm → P.60

マイチョコウミウシ
8mm → P.52

ミノウミウシ亜目の仲間2
4mm → P.59

ネアカミノウミウシ
10mm → P.75

サキシマミノウミウシ
16mm → P.89

シロウサギウミウシ
8mm → P.67

キヌハダウミウシ属の1種
16mm → P.81

ミドリガイ
8mm → P.32

テンセンウロコウミウシ
11mm → P.36

ラベンダーウミウシ
6mm → P.91

ツマグロモウミウシ
4mm → P.28

オキナワキヌハダウミウシ
8mm → P.23

イチゴミルクウミウシ
16mm → P.35

クロモドーリス・ウィブラータ
16mm → P.65

ホソスジイロウミウシ
20mm → P.68

コシボシウミウシ
Sclerodoris sp.

15mm／宇天
玉子焼きみたいな質感が面白いウミウシなのですが、でも、もうすでにアツヤキウミウシっていうのが別の種類でいるのですよね。

キヌハダウミウシ属の1種
Gymnodoris sp.

16mm／宇天

シロボンボンウミウシという種類に似ているのですが、
ボンボン（イボ）が小さいことと同様の個体を複数確認
していることから、このウミウシは別種となるようです。

ソウゲンウミウシ
Sohgenia palauensis

6mm／手広

海洋調査船「蒼玄丸」によってパラオから得られたことでこの和名と学名がつきました。でも、私としては「ソウゲンウミウシ＝海の草原」というイメージですね。

ツノクロミドリガイ
Elysia sp.

7mm／倉崎

濃い緑から白っぽい色合いまで、カラーバリエーションが豊富です。でも、体の色が違っても触角の先端の少し下付近が黒くなる特徴だけは変わりません。

クロモドーリス・プレキオーサ
Chromodoris preciosa

10mm／宇天

何種類か似ているウミウシがいますが、体の外側の模様パターンで見分けることができます。奄美・沖縄ではよく見かけますが、その他の地域ではあまり見られないようです。

心が和む
ウミウシの和名

　ウミウシ図鑑を眺めていると、思わず「ふふっ」と笑いがこぼれるような名前のウミウシに出会うことが、多々あります。

　私のお気に入りは『ウミウシ 不思議ないきもの』にも出ていた「シモフリカメサンウミウシ」です。「ウミウシなのにカメさん？」と思われるかもしれませんが、その姿を見ていただければ一目瞭然です。霜降り柄の背中に見事なカメさん模様が描かれているのです。

　このような姿や色・模様などから、楽しい名前が付いているウミウシはたくさんいます。例えば、体長は数センチなのに広大な雪山を思わせるような姿の「ユキヤマウミウシ」や、乳牛のホルスタインのそっくりな模様の「モウサンウミウシ」、フランスのクリスマスケーキ「ブッシュ・ド・ノエル」にそっくりな「ブッシュドノエルウミウシ」、見た感じそのままの「コンペイトウウミウシ」などなど……即物的ではあるけれど、何となく心が和むような気持ちにさせてくれます。

　しかし、このような傾向は近年のもので、10年ほど前までは和名がなく学名だけのウミウシがたくさん存在しました（今でもまだ少なくはありませんが）。ダイビングブームの到来と共に国内でもウミウシ専門の図鑑が販売されるようになり、ようやく和名を付けてもらえるようになったのです。

　是非、ウミウシ写真集や図鑑を眺めて「ほんわか」してみてくださいね。

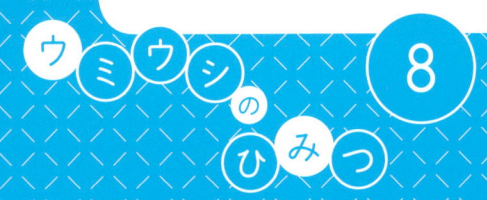

ウミウシのひみつ ⑧

ムカデミノウミウシ
Melibe viridis

100mm／手広

かなり大きくなる種類でグロテスクに思えるかもしれませんね。ですが、怪獣みたいなその姿から意外に人気があるウミウシです。大きな口を投網のように広げて小さなエビ・カニなどを捕食します。

原寸の50%

マツカサウミウシ属の1種
Doto sp.

10mm／倉崎

刺胞動物のカヤの仲間ソックリに擬態しているマツカサウミウシの一種です。これもまた見分けが困難なウミウシですが、その種類の生態をよく理解していれば見つけることができるようになります。

アオミノウミウシ科の1種
GLAUCIDAE sp.

10mm／宇天

最近の図鑑で科まで分類されましたが未だ不明種のミノウミウシの仲間です。初めて見るウミウシに出会うのは嬉しいことですが、名前が無いのはちょっとさびしいですね。

サキシマミノウミウシ
Flabellina bicolor

16mm ／手広
頭部の触手を活発に動かしながら移動するので、写真を撮るタイミングが難しいウミウシです。沖縄の先島諸島由来の名前がついてますが、奄美にもたくさんいますよ。

89

エンビキセワタ
Odontoglaja guamensis
11mm／宇天
塩化ビニールで出来ているかのようなその質感からこの名前になったのでしょうね。奄美大島ではいつでもたくさん見られるウミウシの一つです。

ラベンダーウミウシ
Thorunna halourga

6mm／手広

なかなかピントが合わなくて途中で撮影をあきらめそうになりました。でも後で調べたら初めて出会うウミウシだったので、粘った甲斐がありました。

91

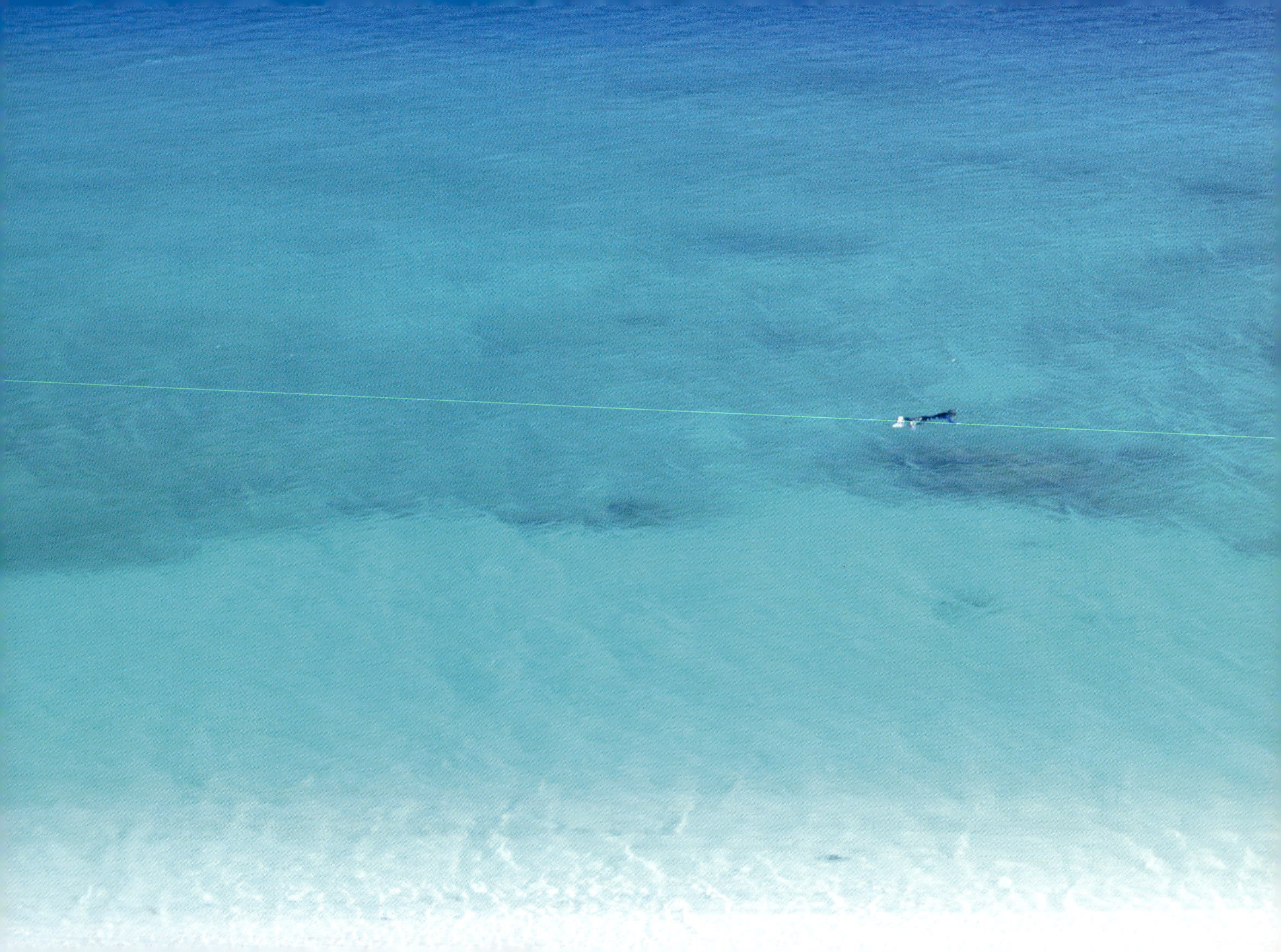

おわりに

　2007年7月に日本で初めてのウミウシ写真集を出版し、この3年間に多くの方々から電子メールやホームページの掲示板に感想をお寄せいただきました。また、読者の方が運営されているブログサイトでもたくさんの感想を拝読することができました。そのほとんどの方がウミウシといういきものの存在を初めて知り、その美しさや姿かたちの不思議さに魅了されていらっしゃるようでした。そして、私は、自分が感動し心躍らせたものを自分の手で多くの人たちに伝えることができるというのは何ものにも代えがたい喜びである――それを実感いたしました。続編を出版することができたいま、私の心はウミウシファンになってくださった方々への感謝の気持ちで満ち溢れています。

　続編『かわいいウミウシ』はいかがでしたか？　あなたのお気に入りの小さな海の宝石は見つかりましたでしょうか？

　私が愛してやまないウミウシたちは、今日も身近な海岸でひっそりと生活しています。このかわいい生きものたちが安心して生活できる海や自然が、いつまでも、いつまでも、かわらぬよう心から願っています。

　この本を出版するにあたり、多くの方にご協力をいただきました。ここに、心より感謝の意を表します。前作から今作までの3年間、ずっとやりとりを続けてくださった二見書房の米田郷之編集長、ネットだけでのやり取りにもかかわらずスムーズな作業を行ってくださったデザイナーのヤマシタツトムさん、前作出版のきっかけを作ってくださり、その後もずっと応援してくださっている写真家の石本馨さん、ウミウシの撮影に没頭するあまり時には家の用事をほっぽり出してしまう私を支えてくれた妻かほる、そして、前作『不思議ないきもの　ウミウシ』の読者のみなさま、ありがとうございました。

　　　　　　　　　　　　　　　　　　　　　　　　　　　　　　　　　　　　　　今本　淳

索 引

ア

和名	学名	頁
アオミノウミウシ科の1種	GLAUCIDAE sp.	88
アラリウミウシ	Noumea norba	12
アルディサ・ピコカイ	Aldisa pikokai	66
イチゴジャムウミウシ	Aldisa sp.	18
イチゴミルクウミウシ	Pectenodoris aurora	35
イロウミウシ科の1種	CHROMODORIDIDAE sp.	09
エリシア・トメントサ	Elysia cf. tomentosa	72
エレガントヒオドシウミウシ	Halgerda elegans	56
エンビキセワタ	Odontoglaja guamensis	90
オキナワキヌハダウミウシ	Gymnodoris okinawae	23
オケニア・リノルマ	Okenia rhinorma	25
オトメミドリガイ	Elysia obtusa	74
オンナソンウミウシ	Halgerda onna	40

カ

和名	学名	頁
カンランウミウシ	Polybranchia orientalis	10
キイロウミウシ	Glossodoris atromarginata	13
キイロウミコチョウ	Siphopteron flavum	17
キヌハダウミウシ属の1種1	Gymnodoris sp.	81
クロスジアメフラシ	Stylocheilus striatus	26
クロスジリュウグウウミウシ	Nembrotha lineolata	50
グロッソドーリス・トムスミスイ	Glossodoris tomsmithi	22
クロモドーリス・ウィブラータ	Chromodoris vibrata	65
クロモドーリス・プレキオーサ	Chromodoris preciosa	84
ケルベリラ・アンヌラータ	Cerberilla annulata	70
コイボウミウシ	Phyllidiella pustulosa	24
ゴシキミノウミウシ	Cuthona diversicolor	73
コシボウミウシ	Sclerodoris sp.	80
コンペイトウウミウシ	Halgerda carlsoni	62

サ

和名	学名	頁
サキシマミノウミウシ	Flabellina bicolor	89
シラツユミノウミウシ	Herviella albida	58
シロウサギウミウシ	Noumea simplex	67
スミゾメキヌハダウミウシ	Gymnodoris nigricolor	11
セトイロウミウシ	Chromodoris decora	71
ソウゲンウミウシ	Sohgenia palauensis	82

タ

和名	学名	頁
タヌキイロウミウシ	Glossodoris hikuerensis	8
チドリミドリガイ	Plakobranchus ocellatus	34
ツノクロミドリガイ	Elysia sp.	83
ツマグロモウミウシ	Placida cremoniana	28
テンセンウロコウミウシ	Cyerce sp.	36
テンテンウミウシ	Halgerda brunneomaculata	16
トウリンミノウミウシ	Godiva sp.	31

ナ

和名	学名	頁
ネアカミノウミウシ	Cratena sp. cf. affinis	75
ネコジタウミウシ属の1種	Goniodoris sp.	60
ノウメア・ワリアンス	Noumea varians	53

ハ

和名	学名	頁
パイナップルウミウシ	Halgerda willeyi	61
ハナミドリガイ	Thuridilla splendens	15
フィリディア・ゴスライナーイ	Phyllidia goslineri	47
ブチウミウシ	Jorunna funebris	51
ベルジア・チャカ	Berghia chaka	43
ホソスジイロウミウシ	Chromodoris lineolata	68

マ

和名	学名	頁
マイチョコウミウシ	Discodoris sp.	52
マツカサウミウシ	Doto cf. japonica	44
マツカサウミウシ属の1種	Doto sp.	87
マツゲメリベウミウシ	Melibe engeli	42
ミドリガイ	Smaragdinella calyculata	32
ミナミヒョウモンウミウシ	Jorunna pantherina	41
ミノウミウシ	Anteaeolidiella indica	46
ミノウミウシ亜目の仲間1	AEOLIDINA sp. 1	19
ミノウミウシ亜目の仲間2	AEOLIDINA sp. 2	59
ムカデミノウミウシ	Pteraeolidia ianthina	30
ムカデメリベ	Melibe viridis	86
ムラクモウミウシ	Discodoris sp.	38
ムロトミノウミウシ	Phyllodesmium macphersonae	76
モンコウミウシ	Chromodoris aspersa	55

ヤ

和名	学名	頁
ユビワミノウミウシ	Cuthona purpureoanulata	37
ユリヤガイ	Julia exquisita	14
ヨゾラミドリガイ	Thuridilla vatae	64

ラ

和名	学名	頁
ラベンダーウミウシ	Thorunna halourga	91
リュウグウウミウシ	Roboastra gracilis	29
リュウモンイロウミウシ	Hypselodoris maritima	77

ワ

和名	学名	頁
ワモンキセワタ	Philinopsis pilsbryi	54

今本淳の仕事

『ウミウシ 不思議ないきもの』
へんなやつ、でも美しい――大きな反響を巻き起こした、日本初のウミウシ写真集第一弾。（二見書房）

『ウミウシ 海の宝石』
海の中でゆらゆら動く（？）、かわいいウミウシを動画で楽しめる画期的なDVD。（発売＝テレコムスタッフ、販売＝ジェネオン・ユニバーサル・エンターテインメント）

○「ウミウシのひみつ」は2008年8月14日より9月25日まで、毎週木曜日の「読売新聞」夕刊に掲載された同名コラムを改訂、改題したものです。

○参考文献
『ウミウシ学』平野義明／2000／東海大学出版
『本州のウミウシ』中野理枝／2004／ラトルズ
『沖縄のウミウシ』小野篤司／2004／ラトルズ
『Indo-Pacific Nudibranchs and Sea Slugs』／2008／Terrence Gosliner, David Behrens, Angel Valdes／Sea Challengers Natural History Books

不思議ないきもの

かわいいウミウシ

写真・文　今本　淳（いまもと じゅん）

発行所　株式会社 二見書房
東京都千代田区三崎町2-18-11
電話　03(3515)2311　営業
　　　03(3515)2313　編集
振替　00170-4-2639

ブックデザイン　ヤマシタツトム＋ヤマシタデザインルーム

印刷／製本　図書印刷株式会社

落丁・乱丁本はお取り替えいたします。定価は、カバーに表示してあります。
©Jun Imamoto 2010, Printed in Japan
ISBN978-4-576-10091-3
http://www.futami.co.jp/